天文学的故事

张劲硕　史军◎编著　余晓春◎绘

图书在版编目 (CIP) 数据

天文学的故事 / 张劲硕，史军编著；余晓春绘 . --
成都：四川科学技术出版社，2024.1
（走近大自然）
ISBN 978-7-5727-1214-2

Ⅰ . ①天… Ⅱ . ①张… ②史… ③余… Ⅲ . ①天文学
– 少儿读物 Ⅳ . ① P1-49

中国国家版本馆 CIP 数据核字 (2023) 第 233991 号

走近大自然　天文学的故事

ZOUJIN DAZIRAN　TIANWENXUE DE GUSHI

编 著 者　张劲硕　史　军
绘　　者　余晓春

出 品 人　程佳月
责任编辑　黄云松
助理编辑　叶凯云
封面设计　王振鹏
责任出版　欧晓春
出版发行　四川科学技术出版社
成都市锦江区三色路 238 号　邮政编码　610023
官方微博　http://weibo.com/sckjcbs
官方微信公众号　sckjcbs
传真　028-86361756
成品尺寸　170 mm × 230 mm
印　　张　16
字　　数　320 千
印　　刷　河北炳烁印刷有限公司
版　　次　2024 年 1 月第 1 版
印　　次　2024 年 1 月第 1 次印刷
定　　价　168.00 元（全 8 册）

ISBN 978-7-5727-1214-2

邮　　购：成都市锦江区三色路 238 号新华之星 A 座 25 层　邮政编码：610023
电　　话：028-86361770

目录

MULU

嫦娥五号探测器

嫦娥五号带回了月球新样品

2020 年 12 月 17 日，我国嫦娥五号返回器携带着从月球采集到的 1 731 克岩石等样品成功返回地球，这是我国首次从其他星球带回样本，也是人类时隔 40 多年再次将月球上的样品带回地球。根据这些新样本，一个国际研究团队确定这些月球岩石的年龄接近 19.7 亿年。

对这些月球样本进行研究，有助于揭示月球的很多奥秘，而月球年轻岩石的年代测定属于其中最早的研究成果。当然，这里所说的“年轻”是相对而言的。

1969 年 7 月 24 日，美国的“阿波罗 11 号”飞船首次带回月球样品。根据研究，这些样品年龄都非常古老，至少有 31 亿年。这意味着“阿波罗”任务留下了巨大的时间空白，30 亿年至 10 亿年间的月球是怎么样的完全未知，而嫦娥五号带回的样品正好填补了这个重要的空白。

“阿波罗 11 号”飞船

填补这个时间空白不仅对研究月球来说很重要，而且对研究太阳系中其他的岩石行星来说也很重要。作为一个卫星类天体，月球的年龄大约为45亿年，与地球年龄相仿。

月球

与地球不同的是，月球上的陨石坑相对稳定地保存下来，几乎没有被地质活动改变，所以月球的表面布满了由小天体撞击形成的撞击坑。科学家们利用月球上存在已久的陨石坑研究出估算月球表面不同区域年龄的方法。

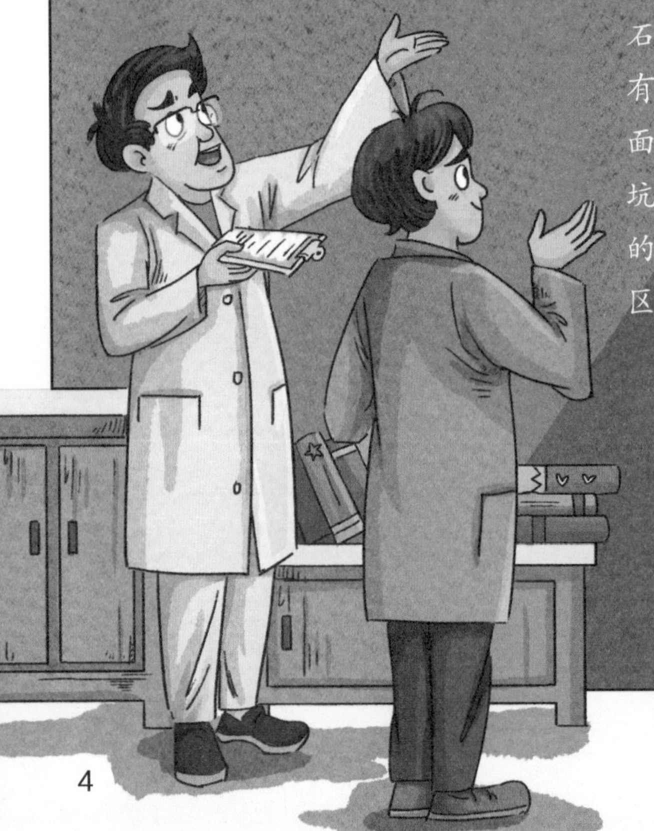

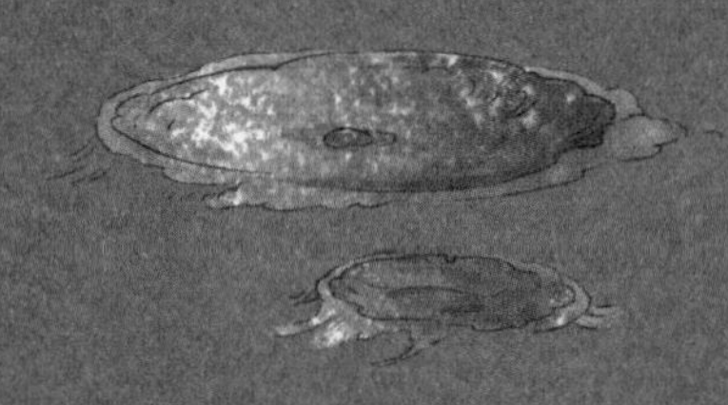

月球陨石坑

科学家研究嫦娥五号带回的月球岩石样本

虽然科学家知道星球表面陨石坑越多就表明这些表面越古老，但要想测定这些表面的实际年龄，则必须依赖这些从星球表面取回的样本。

“阿波罗 11 号”飞船带回的月球岩石样本，让科学家能够确定这些岩石所对应月球表面区域的年龄，并把这些区域的年龄和陨石坑密度进行对照。这种陨石坑年代学研究已经被推广到水星和金星。

在最新研究中，科学家对嫦娥五号带回的月球岩石样本的测定年龄也有误差。但这个测定结果依然很重要，因为以星球的演化时间为标准来看，这是一种很准确的测定方法，由此也能很好地分辨各种年代学方法的优劣。

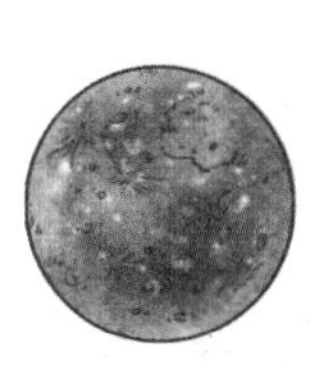
水星

金星

科学家对嫦娥五号带回的玄武岩样本进行研究，不仅刷新了人类对月球岩浆活动和热演化历史的认知，而且揭示了月球年轻火山活动的奥秘。可以预期，对这些岩石样本的研究将不断结出丰硕成果，而目前的研究结果只不过是冰山一角。

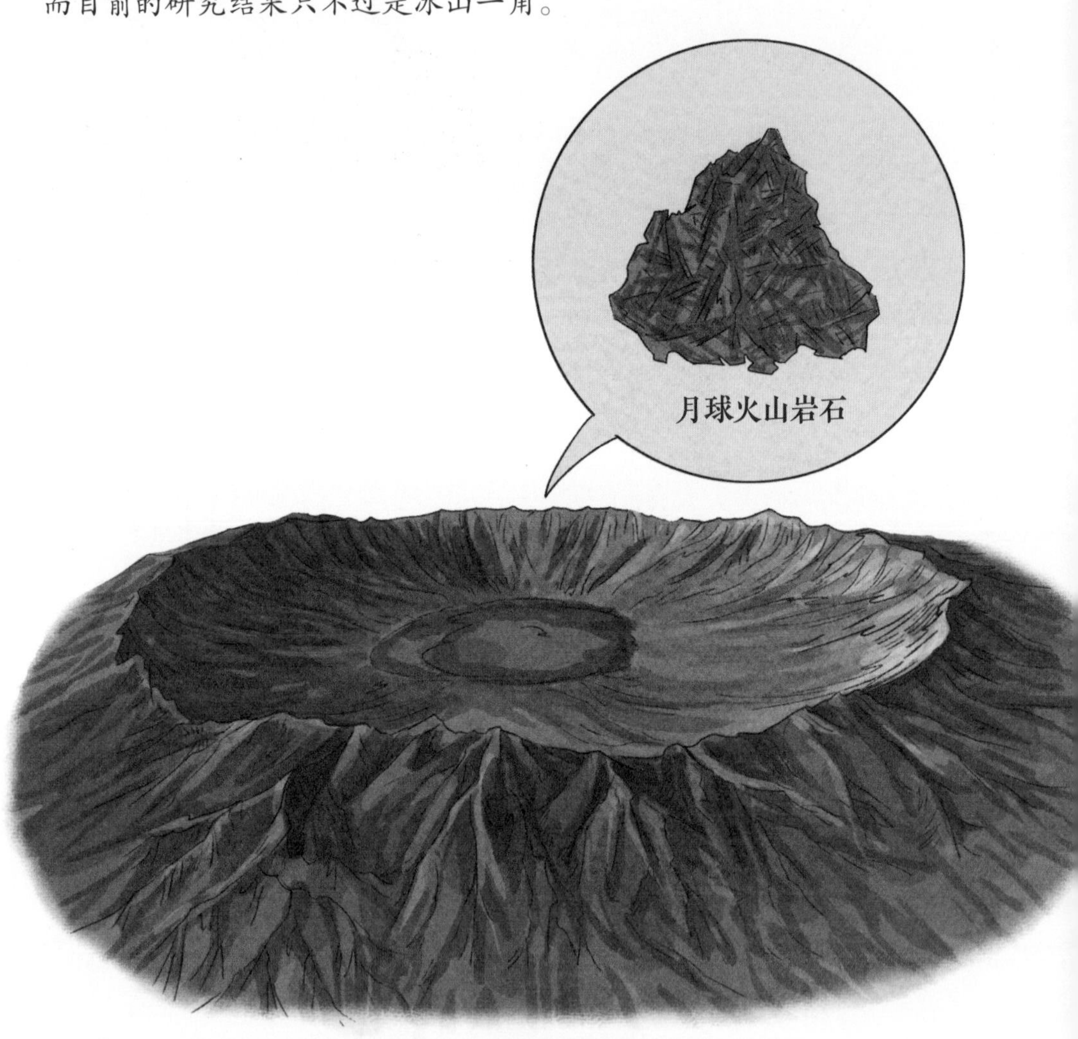

月球火山口

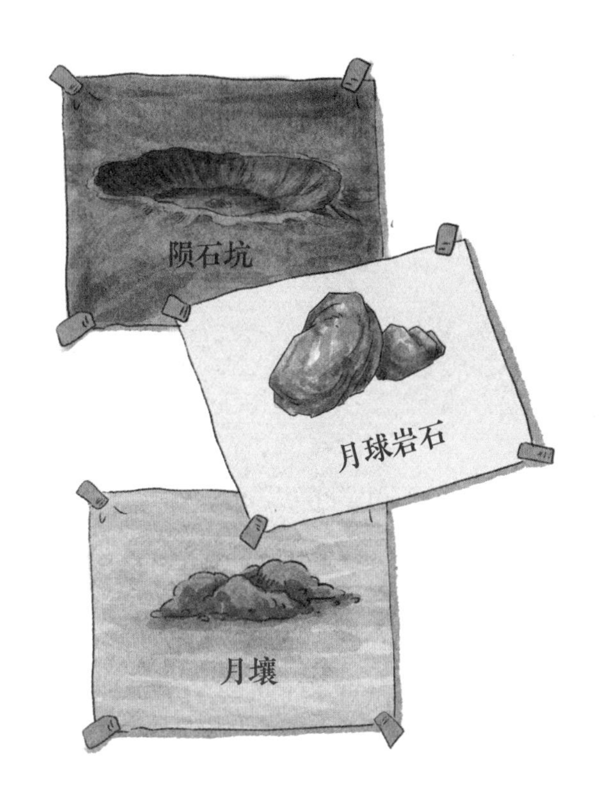

科学家正在从月球样品中寻找关键线索，以揭开更多的月球奥秘。例如，从嫦娥五号带回来的样本中寻找来自比“阿波罗11号”采样地点遥远得多的那些年轻陨石坑的月壤，由此确定这些月壤的年龄，以及这些不同陨石坑的物理特性。

在这项新研究中，中外科学家进行了良好合作。外国科学家评价说，负责对嫦娥五号样本进行检测的北京实验室是全球最好的实验室之一，同时中国也无私分享了相关研究数据。

金星上的海洋之争

金星和地球有着相似的质量、体积和岩石成分，都有大气层。因此，有人把金星叫作地球的姊妹星。然而，金星与地球的差异也很大：浓厚大气、高温高压、火山活动和缺乏水分，都使得金星的环境变得极其糟糕，不适合生命存在。那么，金星的环境是不是一直都如此糟糕呢？

金星

地球

以往的研究指出，金星曾经可能存在海洋，因此那时的金星对生命是友善的。但事实是否如此呢？

2021 年 10 月 13 日，一组来自日内瓦大学和法国国家科学研究中心的科学家宣布了他们的研究结果：金星从来没有海洋。

他们的研究采用了复杂的大气三维模型，模拟了地球和金星的大气演变过程，以及在这个过程中是否会形成海洋。

模拟结果是：气候条件不允许蒸汽在金星大气层中凝结。

金星大气层

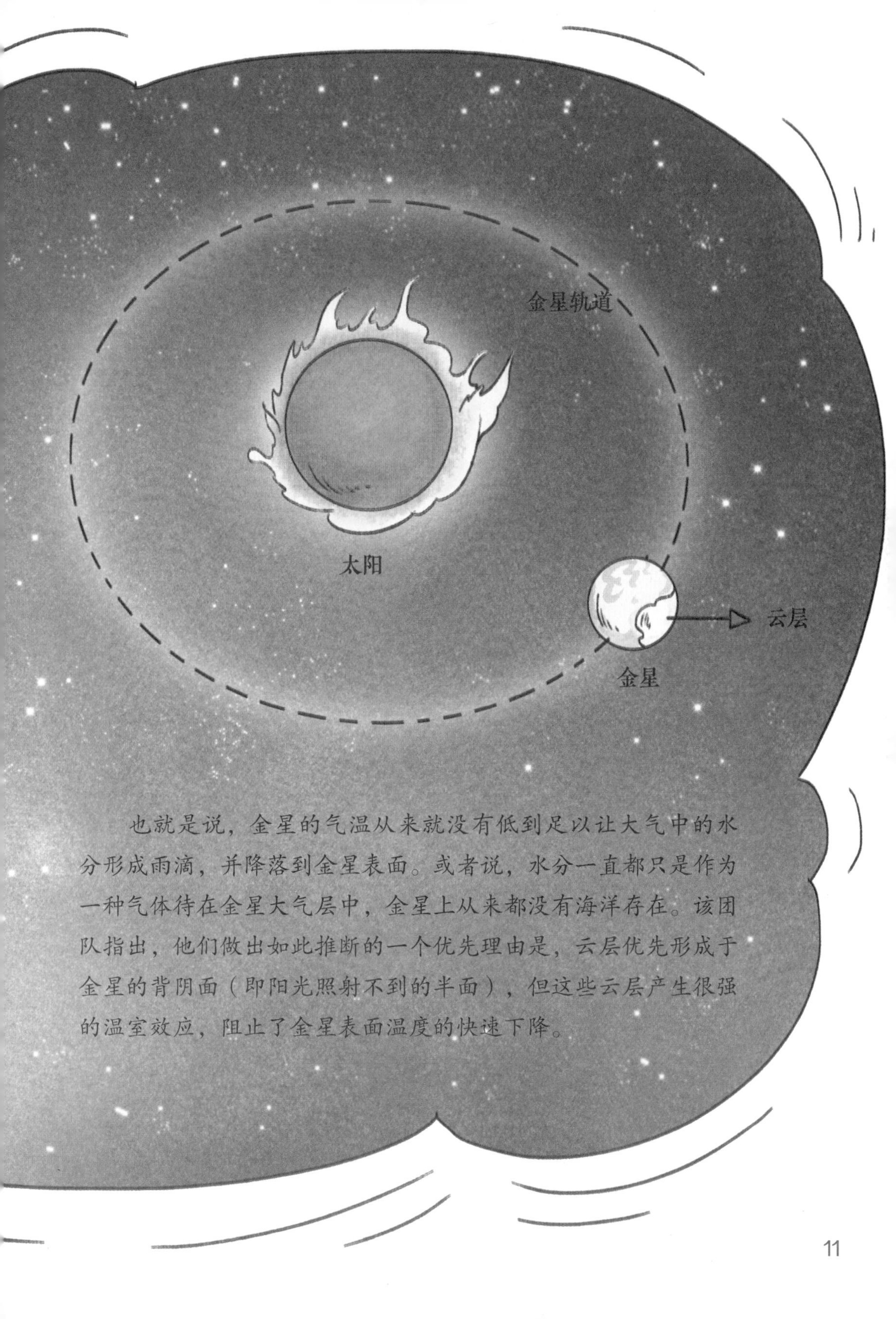

也就是说，金星的气温从来就没有低到足以让大气中的水分形成雨滴，并降落到金星表面。或者说，水分一直都只是作为一种气体待在金星大气层中，金星上从来都没有海洋存在。该团队指出，他们做出如此推断的一个优先理由是，云层优先形成于金星的背阴面（即阳光照射不到的半面），但这些云层产生很强的温室效应，阻止了金星表面温度的快速下降。

该团队的模拟结果还表明，如果地球当初距离太阳再近一点，或太阳在它“年轻”时期与现在的光度一样，那么地球就很可能面临和金星一样的命运——地球上也可能只存在蒸汽形式的水。该团队推测，“年轻”时期的太阳的辐射相对较弱，从而使得地球的降温程度足以让蒸汽凝结并形成海洋。

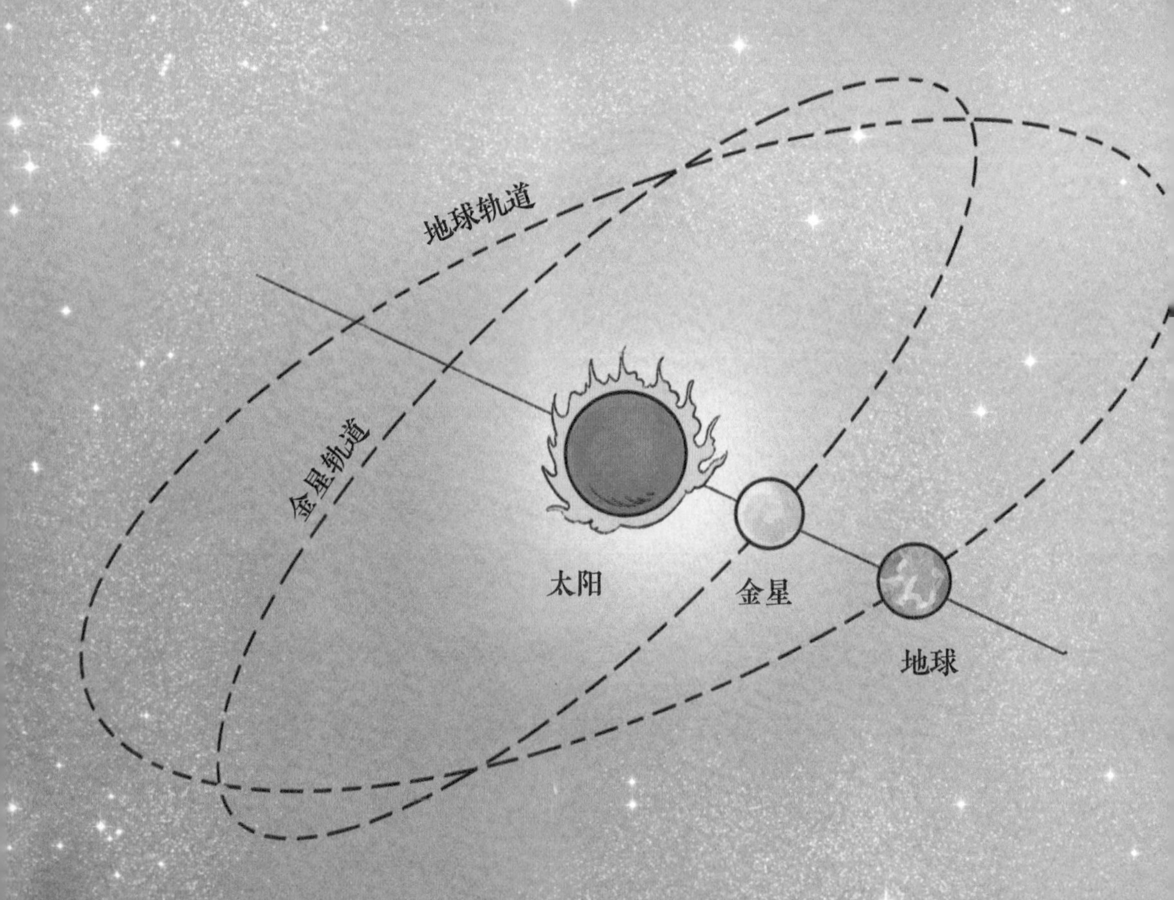

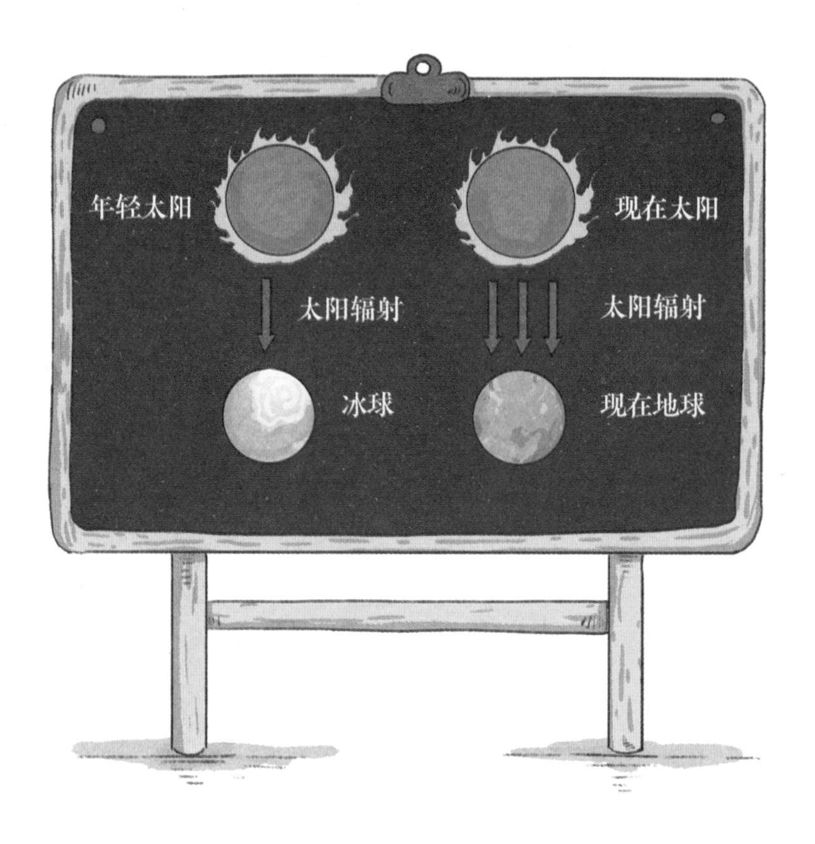

长久以来，科学界有一种观点：如果“年轻”时期的太阳产生的辐射比今天的太阳产生的辐射弱得多，那么当时的地球就会是对生命不友好的巨大冰球。换句话说，更明亮的太阳对生命有利。但该团队认为，对非常炽热的“年轻”时期的地球来说，当时不那么明亮的太阳反而为生命诞生提供了意想不到的契机。

该团队承认，他们的研究结论是基于理论模型得出的，因此不属于定论。他们期待未来的金星探测器能证实或推翻他们的研究结论。

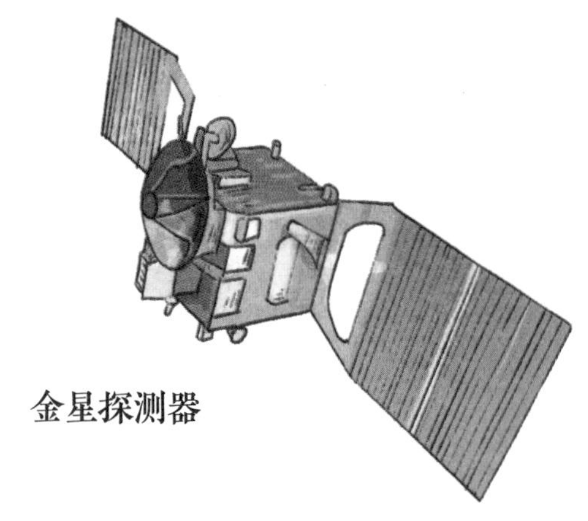

金星探测器

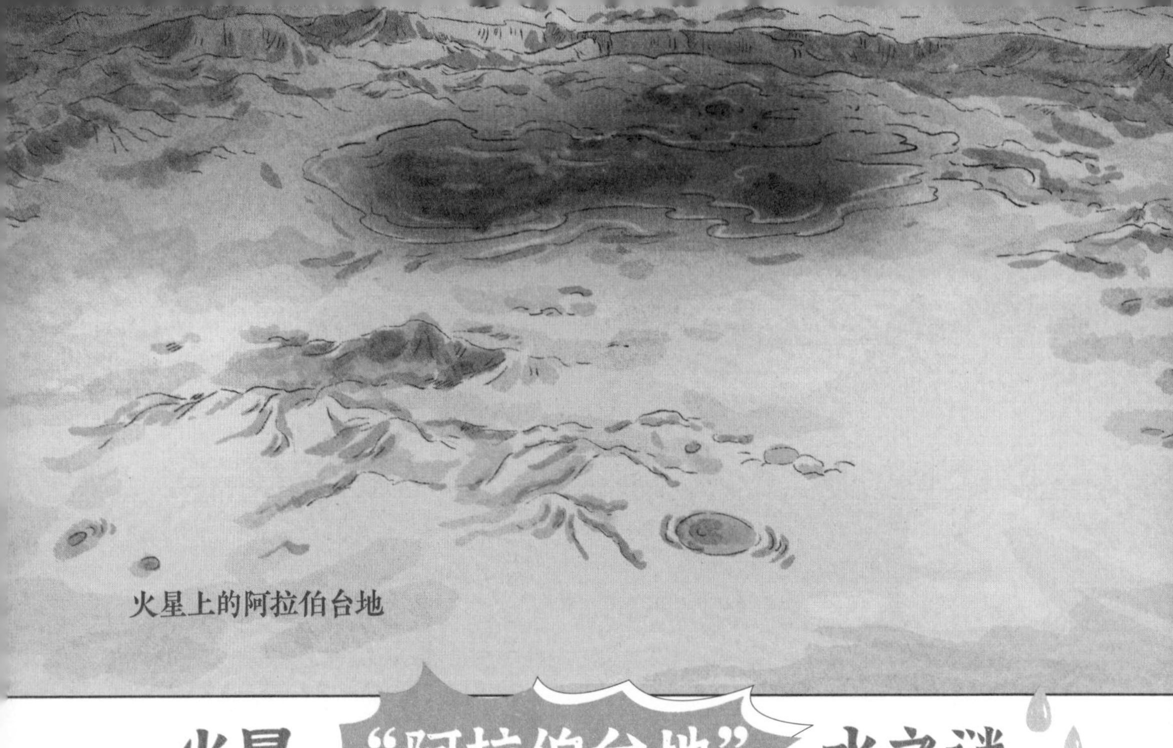

火星上的阿拉伯台地

火星“阿拉伯台地”水之谜

据报道，北亚利桑那大学博士研究生阿里·克佩尔发现，火星上一个名为“阿拉伯台地”的区域曾经存在过水。

位于火星北纬地区的阿拉伯台地，由一位意大利天文学家在1879年命名。这片古老的土地面积比欧洲大陆略大。该区域包括陨石坑、火山口、峡谷和漂亮的岩石带，这些岩石带很像地球上的彩色沙漠或沉积岩层。

科学家对这些火星岩石的成因很感兴趣，因为通过这些岩石能更好地了解40亿至30亿年前火星表面的状况，尤其是当时火星的气候条件是否支持生命存在。想要知道早期的火星是否支持生命存在，就需要了解当时火星上有没有稳定的液态水、液态水存在的时间有多长、大气状况如何，以及火星地表温度……

为了更好地了解这些火星岩石的成因，科学家把重点放在了热惯性（即一种材料变温的能力）上。例如，由松散的细小颗粒组成的沙子会迅速增热或散热，而夏天的岩石在入夜后仍会长时间保持温暖的状态。通过调查地表温度，科学家可以确定阿拉伯台地岩石的物理特性，也就是说，能判断出看似坚实的物质是否松散或者正在受到侵蚀。

火星南极冰盖下存在液态水

虽然阿拉伯台地占火星表面面积的比例不小，但此前没有人对那里的沉积物进行过热惯性研究。为了完成这项研究，科学家在轨道运行卫星上使用了遥感仪器。科学家通过遥感数据研究了阿拉伯台地的热惯性、侵蚀迹象、陨石坑状况以及矿物质的构成。研究结果显示，阿拉伯台地沉积物的凝聚力比之前认为的要低得多，因此该台地有可能只在很短的时间存在过水。

环绕火星的飞行器搭载有遥感设备

人们普遍认为，水越多、存在水的时间越长，就越有利于生命存在。因此，上述结论可能会令很多人失望。

对阿拉伯台地进行热惯性研究的科学家认为，他们的结论之所以重要，是因为这一结论引发了一连串新的思考：是什么条件让水在阿拉伯台地短暂存在过？火星上是否有过冰川，而冰川迅速融化是否造成洪水泛滥？火星上是否有地下水，而地下水是否会在短暂渗出地表后又回到地下。

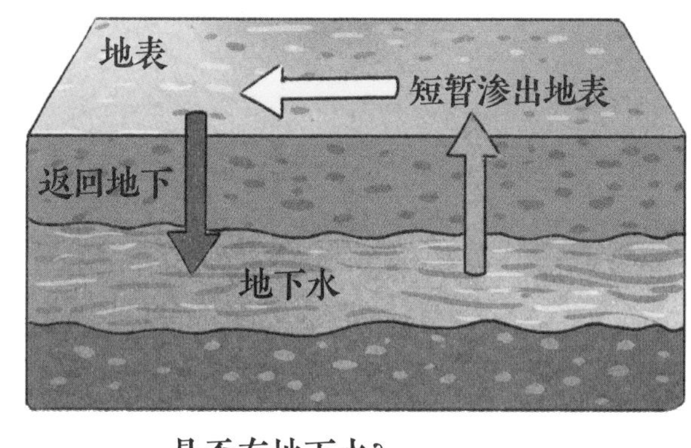

是否有地下水?

科学家认为，就算今天的火星不存在液态水，过去的火星上也不存在生命，这类研究对我们了解火星演化乃至其他行星类天体的演化来说也很重要。无论如何，火星探索已进入新的高潮。

探秘 银河系外的行星

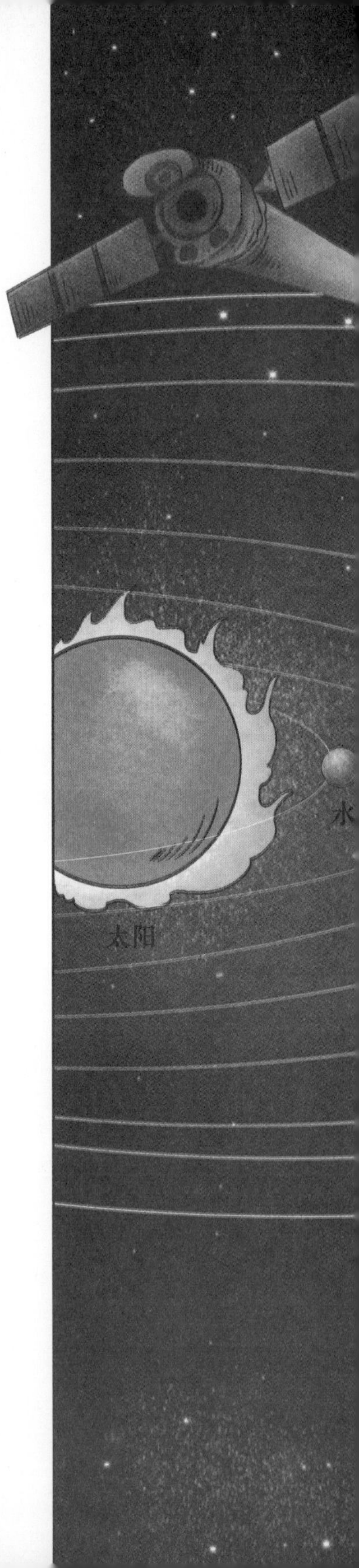

2021 年 10 月 25 日，《自然天文学》杂志发布的研究表示，天文学家通过“钱德拉 X 射线天文台”空间望远镜（简称钱德拉望远镜）可能首次捕捉到了银河系外的一颗行星。这一探测结果，为寻找更远距离的系外行星开辟了道路。

通常所说的系外行星，一般指位于太阳系外的行星，而这颗疑似的系外行星位于螺旋星系梅西耶 51。该星系因其独特的形状，也被称为漩涡星系。

在发现这颗疑似行星之前，科学家发现的所有系外行星都位于银河系内，距离地球最远不到 3 000 光年。然而这颗疑似行星距离地球大约 2 800 万光年，其距离之遥远可想而知。

天文学家通常以凌日法探测系外行星。这种方法的原理是，行星从恒星前方经过时，可观测到恒星亮度微弱变暗。天文学家利用空间望远镜长时间监测大量恒星，扫描并记录它们的亮度变化，寻找系外行星存在的线索。

德拉望远镜

螺旋星系梅西耶 51

凌日法对发现银河系内的行星非常有效，但探测银河系外的行星却常以失败告终。对此，科学家解释说，部分原因在于，对于距离过于遥远的天体，普通天文望远镜能接收到的光有限，视野中的天体较多，难以辨别。

因此，科学家以 X 射线双星系统为研究对象，以凌日法原理观测这些系统发出的 X 射线强度变化，寻找银河系外的行星。X 射线双星系统通常有一颗致密星和一颗伴星（恒星）。致密星通常是中子星或黑洞，不停从伴星吸引气体，周围区域因此变得过热，发出 X 射线。这种双星系统发出 X 射线的区域极小，遇有行星越过致密星产生凌日现象时，更易观测。

运用 X 射线凌日原理，科学家探测到了位于螺旋星系梅西耶 51 中一个双星系统内的一颗疑似行星。该双星系统包含一颗致密星和一颗质量约为太阳质量 20 倍的伴星（恒星）。天文学家运用钱德拉望远镜探测数据发现的 X 射线凌日现象持续了大约 3 小时，在此期间 X 射线发射量降到了零。

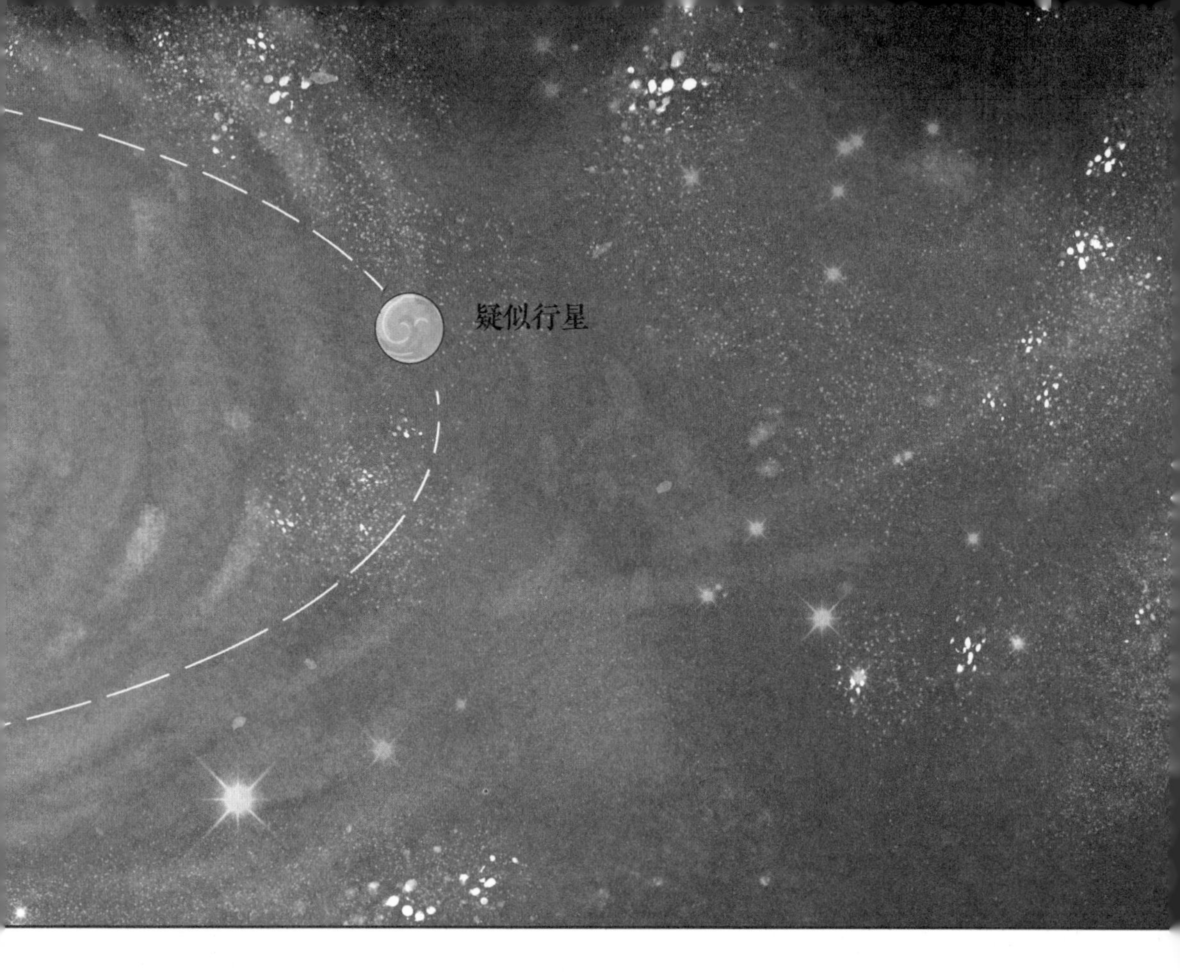

基于这一点，并结合其他信息，科学家估计这颗疑似行星与土星大小相仿，它环绕黑洞或中子星的距离为土星与太阳距离的大约 2 倍。

这一疑似行星是否为行星，还需要更多数据来验证。第一个难题是，这颗疑似行星的巨大轨道需要大约 70 年才会与其双星伴侣轨道形成一次遮挡。换句话说，以后几十年内科学家都不可能通过凌日原理证实或否定该行星的存在。第二个难题是，就连 70 年这个数据也无法确定，因此科学家根本不知道应该在何时进行观测。这次发现的 X 射线发射量降到零，其实也可能由正面经过 X 射线源头的尘埃和气云导致。但科学家认为，螺旋星系梅西耶 51 中这个双星系统里的凌日现象不符合云层经过的特征，而是符合行星凌日的特征。

如果这颗疑似行星最终被证实为一颗行星，那么它很可能有一段非常动荡、暴烈的历史。环绕 X 射线双星系统中的行星一定会经历超新星爆发的巨大冲击，而正是超新星爆发产生了中子星或黑洞。这颗行星的未来也危机四伏，因为它环绕的恒星最终也可能以超新星的形式爆发，届时这颗行星必将再次遭遇超大强度的辐射“轰炸”。

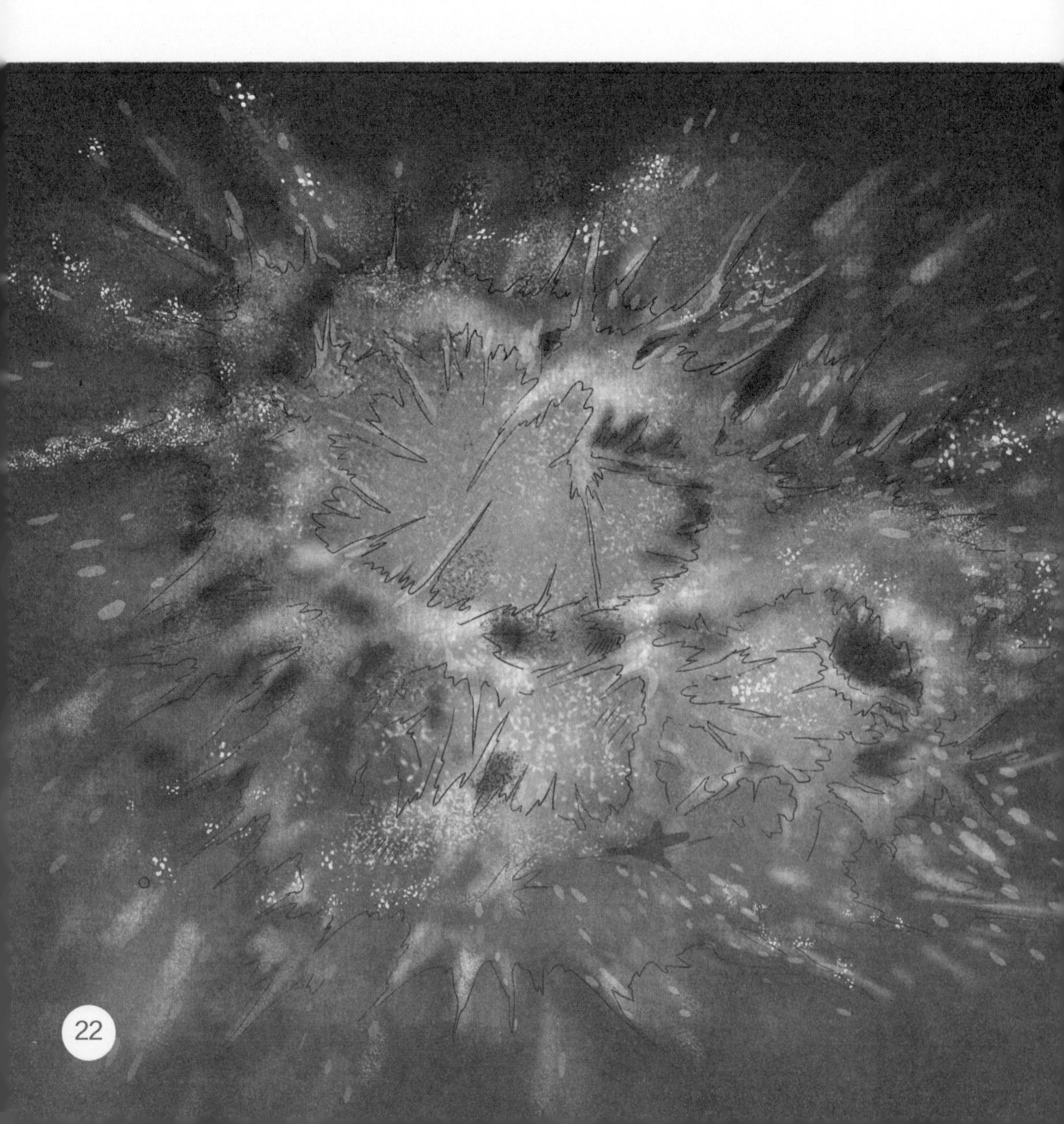

在近期的研究中，科学家在银河系外的 3 个星系中观测凌日现象。通过对螺旋星系梅西耶 51 中 55 个系统、螺旋星系梅西耶 101 中 64 个系统和螺旋星系梅西耶 104 中 119 个系统的搜寻，结果只发现了这一颗疑似行星。

科学家将继续搜索更多的星系。钱德拉望远镜能探测至少 20 个星系，其中包括螺旋星系梅西耶 31 和螺旋星系梅西耶 33 等比螺旋星系梅西耶 51 近得多的星系，因而可能探测到持续时间更短的凌日现象。另一个相关的研究方向是寻找银河系中发生在 X 射线源头附近的 X 射线凌日现象，从而发现位于非寻常环境中的新的系外行星。

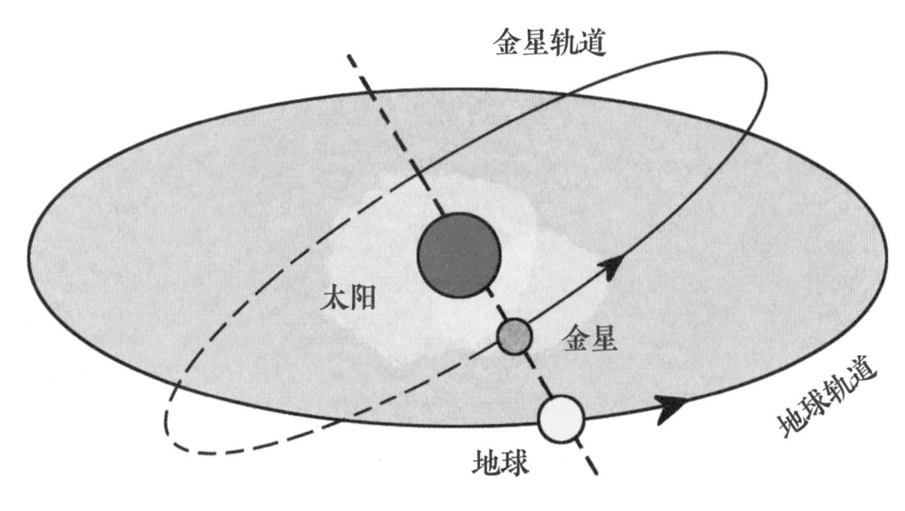

金星凌日现象

黑洞的计算不简单

1915 年，爱因斯坦提出了广义相对论。在广义相对论中，物质（能量）和时空是相互影响的，物质（能量）让时空产生不同程度的弯曲，这就是引力的本质。然而，爱因斯坦在计算时空曲率时遇到了麻烦，他用了 10 个方程才计算出时空在不同质量（能量）下的近似弯曲程度。他认为不可能得到精确解。实际上，在物理学领域，计算物理量的公式越简洁，才被认为越接近真理。

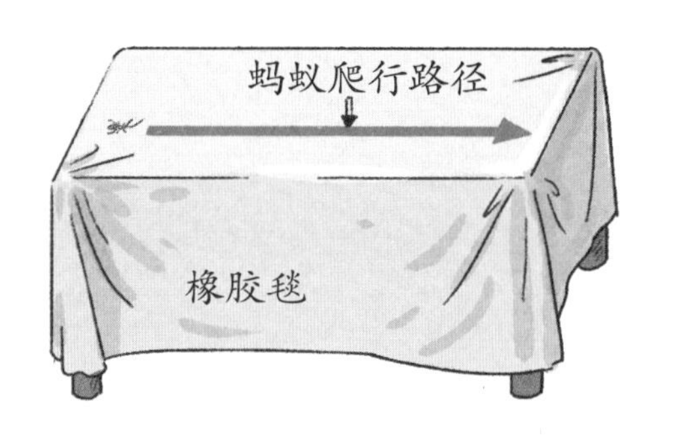

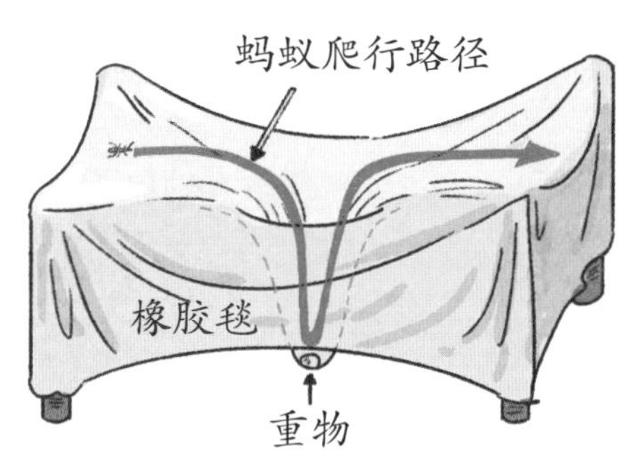

广义相对论的提出适逢第一次世界大战。和许多欧洲科学家一样，41 岁的德国科学家卡尔·史瓦西也应征上了前线。在东线战场上，他被编入了德军的炮兵连，负责为士兵计算火炮弹道的相关数据。

广义相对论发表后，几天之内文本就传遍世界，史瓦西也收到了相关材料。他一看到这个大胆又新颖的理论，就立刻被它迷住了。在接下来的日子里，他利用工作间隙投入对这 10 个方程的计算中。废寝忘食的计算工作，让他忘记了盘旋在战场上空的危险。

很快，史瓦西就发现爱因斯坦的方程组过于繁复，而且爱因斯坦的思路也是起源于 19 世纪的陈旧套路。史瓦西非常熟悉计算弯曲空间的黎曼几何，这是一种新的几何思维。在简化了一系列基本前提后，史瓦西利用黎曼几何将爱因斯坦的 10 个方程组简化为 1 个方程，并奇迹般地算出了这个方程的精确解。

1915 年 12 月，史瓦西将计算过程写成论文，寄给了爱因斯坦。爱因斯坦不久后给史瓦西回信说："我没想到居然有人能以如此简洁的方法算出这个问题的解。我非常喜欢你的方法。"史瓦西并未满足，因为他只计算出了球形天体外部的时空弯曲，但对内部的情况不太了解。在套用自己创立的方程后，他有了难以置信的发现：如果天体被自身引力压缩到特定的半径内，严重扭曲的时空就将成为一个黑洞，任何进入这个黑洞的物质，哪怕是光，也休想从中逃走。

史瓦西无论如何不敢相信宇宙中会有这种奇怪的天体存在。按照他的计算，地球如果被压缩到只有 9 毫米直径，就会成为这样的奇怪天体（这只是理论值，地球不会坍塌成黑洞）。史瓦西将他对这个奇怪天体的计算结果寄给了爱因斯坦。1916 年 2 月 13 日，爱因斯坦向普鲁士科学院提交了这份计算结果。不幸的是，史瓦西因病于 1916 年 5 月 11 日与世长辞。

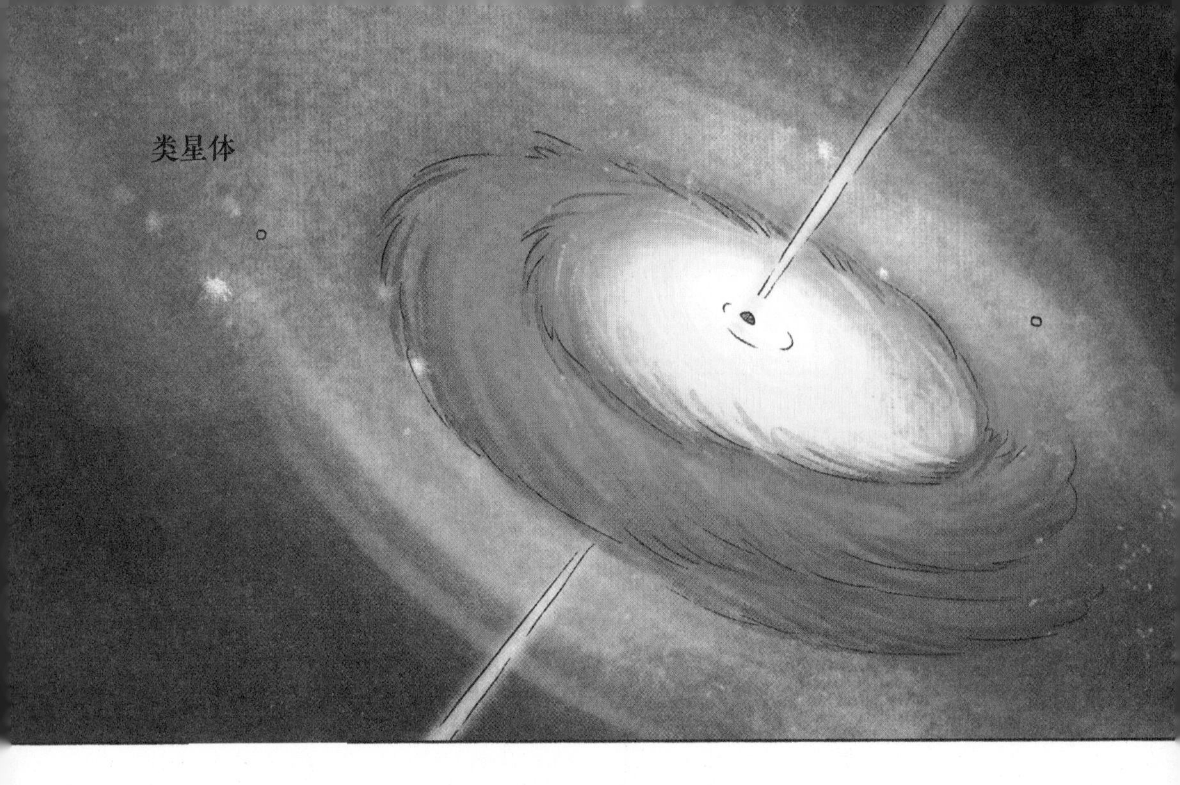

超大质量黑洞

在人类发现的所有黑洞中，有一类黑洞可谓“另类”。20 世纪 60 年代，天文学家马丁·施密特发现了被称为“类星体”的奇异天体。类星体其实是新生星系的核心，虽然体积没有太阳系大，但释放的能量却是银河系总能量的数千倍。科学家普遍认为，类星体的本质是活跃的星系核，其内部是一个质量高达数百万倍乃至数百亿倍太阳质量的超大质量黑洞。

按照质量大小，黑洞可分为三类：

恒星级黑洞: 大质量恒星在自身引力作用下坍缩而成的黑洞。

中等质量黑洞: 介于恒星级黑洞和超大质量黑洞之间，质量为太阳的 100 倍到 10 万倍的黑洞。

超大质量黑洞: 在所有已知星系中央都可能存在的巨型黑洞，其质量远超前两类黑洞。

恒星级黑洞和中等质量黑洞都可以由恒星演化而来，但超大质量黑洞的形成过程至今都是个谜，因为宇宙中不存在质量大到能一次性形成超大质量黑洞的恒星。对此，科学家提出了两种可能性：第一种，星系尘埃不断被吸引、聚集并形成超大质量黑洞；第二种，恒星级黑洞或中等质量黑洞不断融合，形成超大质量黑洞。

两个黑洞合并产生引力波

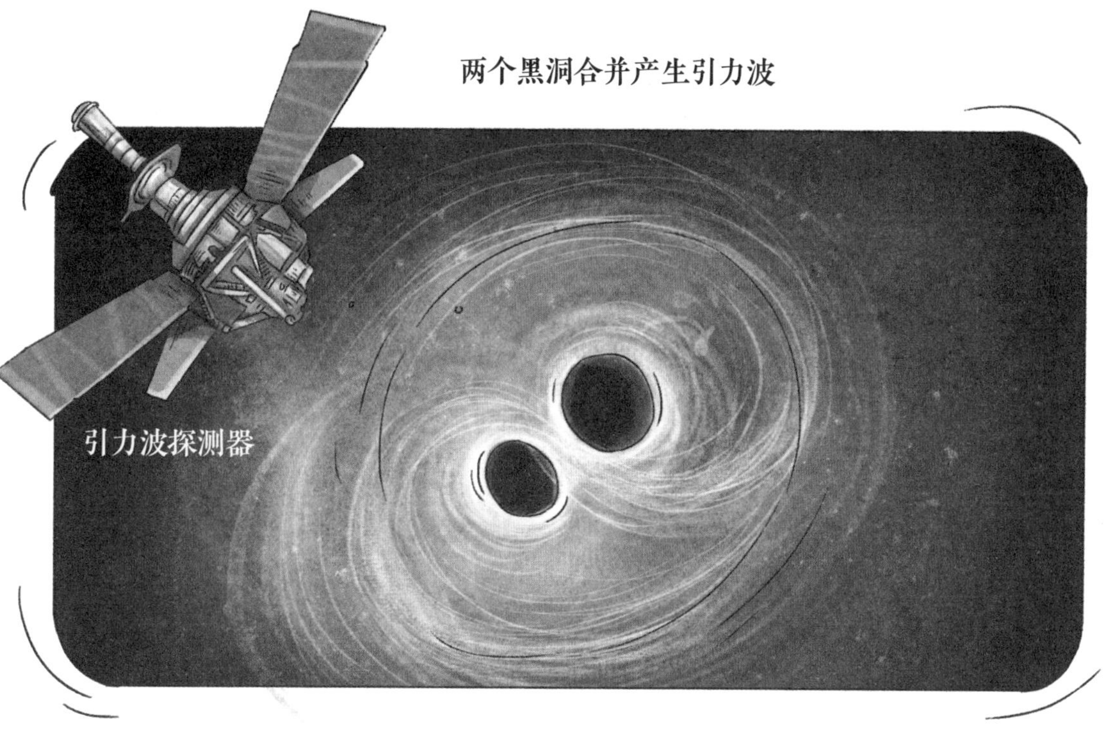

银河系中心的人马座 A* 是离地球最近的超大质量黑洞，因此也被认为是研究该类黑洞的最佳目标。2022 年 5 月 12 日晚上 9 点，天文学家向人们展示了位于银河系中心的人马座 A* 超大质量黑洞的首张照片。

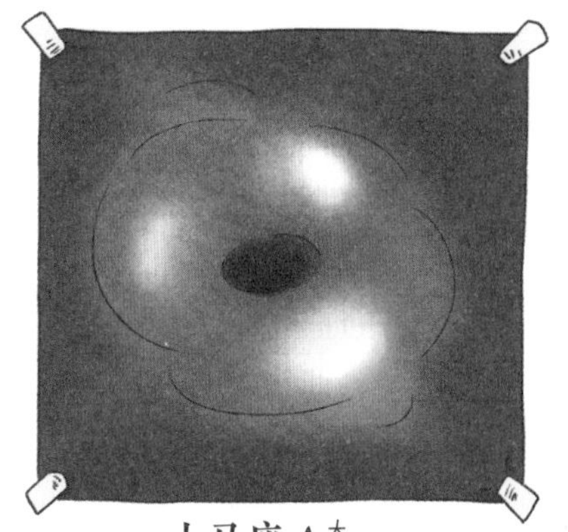

人马座 A*

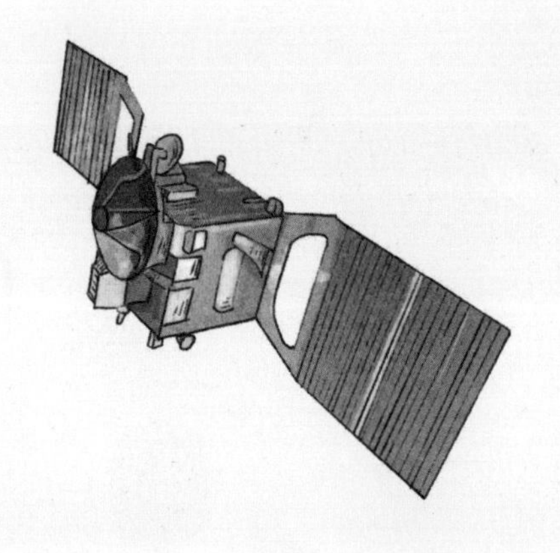

让我们一起走近大自然，探索奇妙世界吧！